Hello, happy to see you here.
I'm BB, aka Bead Baby.

Practicing is the key to a better Abacus skill.

You can practice your abacus and mental math skills with all the exercise books we prepare for you.

Mixed Friends Exercises

Go! Go! Go!

Text and pictures copyright © 2019 by Sheena Chin & Yuenjo Fan

All rights reserved.

No parts of this book may be used, reproduced, scanned or transmitted in any form or by any means, electronic or mechanical, including photocopying or recording, without written permission from the publisher.

For information address PinGrow Media, contact@pingrow.com

ISBN-13: 978-1-949622-08-9

Visit www.pingrow.com

Formula + 6 = - 5 + 1 + 10 Exercises

1	2	3	4	5	6	7	8
5	6	7	8	15	16	17	18
6	6	6	6	6	6	6	6

1	2	3	4	5	6	7	8	9	10
5	7	7	9	8	5	2	9	7	9
1	-2	-1	-1	-2	2	6	-3	1	-2
6	6	6	6	6	6	6	6	6	6

Formula - 6 = - 10 + 5 - 1 Exercises

1	2	3	4	5	6	7	8
11	12	13	14	21	22	23	24
-6	-6	-6	-6	-6	-6	-6	-6

1	2	3	4	5	6	7	8	9	10
10	11	12	13	12	11	14	14	13	11
1	1	2	-1	1	2	-1	-3	-2	3
-6	-6	-6	-6	-6	-6	-6	-6	-6	-6

Mixed Friends + 6, - 6

1	2	3	4	5	6	7	8	9	10
5	7	1	2	8	4	9	7	3	12
6	6	5	6	6	-1	-2	-2	5	-6
6	1	6	6	-2	5	6	6	6	2
6	-6	2	5	-6	6	-2	-6	5	6

11	12	13	14	15	16	17	18	19	20
6	8	3	5	1	2	14	4	7	9
6	-1	15	2	10	5	-6	-2	6	-1
2	6	6	6	-6	6	-2	5	5	6
-6	1	5	1	2	5	6	6	6	5

21	22	23	24	25	26	27	28	29	30
6	7	14	13	8	1	12	3	9	11
1	-1	-1	-6	6	6	1	10	-3	-6
6	6	-6	1	-2	6	-6	-6	6	2
5	1	1	6	-6	1	2	1	1	6

Mixed Friends + 6, - 6

1	2	3	4	5	6	7	8	9	10
2	7	5	3	9	1	8	2	4	6
5	6	3	11	-3	7	-2	10	-2	6
6	-2	6	-6	6	6	6	-6	10	1
5	-6	-2	-1	6	-2	5	1	-6	-6
6	6	-6	6	6	-6	6	6	2	2

11	12	13	14	15	16	17	18	19	20
9	4	6	13	7	2	1	5	8	3
-4	-3	-1	-6	-2	11	10	1	6	5
6	6	6	1	6	-6	-6	6	-3	6
5	6	6	6	5	-1	3	1	-6	-2
6	1	6	-3	6	6	6	-6	1	-6

21	22	23	24	25	26	27	28	29	30
1	7	5	9	8	4	6	3	2	1
6	10	6	-2	-3	10	-5	10	6	11
6	6	7	6	6	-2	7	-6	6	-6
-2	-2	6	-2	1	-6	6	-2	-3	2
-6	-6	-3	-6	-6	1	-2	6	-6	6

Mixed Friends + 6, - 6

1	2	3	4	5	6	7	8	9	10
2	3	8	9	1	4	7	6	5	8
3	9	7	8	9	7	6	6	6	8
6	-6	6	-5	2	-6	8	9	-4	6
-4	2	-3	-6	-6	2	-9	-7	6	-9
5	2	6	4	2	4	-3	-4	2	3

11	12	13	14	15	16	17	18	19	20
5	7	1	5	3	2	4	8	9	6
2	4	7	-2	4	6	3	6	4	5
6	-6	6	9	6	6	6	1	-6	9
3	3	-2	-6	2	-3	-2	6	3	-4
6	2	4	2	6	-5	-8	3	-8	6

21	22	23	24	25	26	27	28	29	30
2	8	3	14	7	5	1	4	7	9
4	8	3	-3	3	3	12	3	1	3
6	6	6	-6	5	6	-6	6	3	-6
9	3	4	-1	6	1	-4	2	-6	4
-7	6	-2	2	-1	6	3	6	2	5

Formula + 7 = - 5 + 2 + 10 Exercises

1	2	3	4	5	6	7	8
5	6	7	15	16	17	25	26
7	7	7	7	7	7	7	7

1	2	3	4	5	6	7	8	9	10
5	7	8	9	8	5	1	9	7	8
1	-2	-3	-4	-2	2	5	-3	-1	-1
7	7	7	7	7	7	7	7	7	7

Formula - 7 = - 10 + 5 - 2 Exercises

1	2	3	4	5	6	7	8
12	13	14	22	23	24	32	33
-7	-7	-7	-7	-7	-7	-7	-7

1	2	3	4	5	6	7	8	9	10
10	11	12	13	12	11	14	14	10	11
2	1	2	-1	1	2	-1	-2	3	3
-7	-7	-7	-7	-7	-7	-7	-7	-7	-7

Mixed Friends + 7, - 7

1	2	3	4	5	6	7	8	9	10
5	12	6	7	2	3	1	4	8	13
7	-7	7	7	5	10	5	-2	-2	-7
5	1	1	-2	7	-7	7	5	7	1
7	3	-4	-2	-1	2	-2	7	-1	-5

11	12	13	14	15	16	17	18	19	20
9	12	2	1	8	7	6	3	4	14
-3	2	10	13	-1	-1	-1	-1	-3	-7
7	-7	-7	-7	7	7	7	5	5	1
1	-2	1	1	-2	1	-2	7	7	-5

21	22	23	24	25	26	27	28	29	30
1	4	7	9	14	8	6	2	3	15
6	10	-2	-4	-2	-3	7	11	11	3
7	-7	7	7	-7	7	-1	-7	-7	-5
-2	1	1	1	1	1	-2	2	1	-7

Mixed Friends + 7, - 7

1	2	3	4	5	6	7	8	9	10
1	6	4	2	7	9	3	5	8	10
5	7	15	5	-1	-3	-1	7	-1	2
7	-1	-3	7	7	7	10	1	7	-7
-1	-7	-7	-2	-1	-1	-7	-7	-2	2
-7	2	-5	-7	-7	-7	1	3	-7	7

11	12	13	14	15	16	17	18	19	20
5	3	8	6	4	1	12	9	2	7
1	5	-2	-1	-2	6	-7	-2	15	7
7	-2	7	7	10	7	1	7	7	-1
-7	7	-1	1	-7	-2	7	2	-1	-7
2	-3	-7	-7	1	-7	1	-7	-7	2

21	22	23	24	25	26	27	28	29	30
1	12	7	9	2	3	4	5	6	13
11	1	-2	-4	10	10	-2	2	-1	-7
-7	-7	7	7	-7	-7	10	7	7	1
2	1	1	1	2	1	-7	-2	5	7
7	7	-7	-7	7	7	1	-7	7	-2

Mixed Friends + 7, - 7

1	2	3	4	5	6	7	8	9	10
8	3	5	6	1	7	2	14	9	3
4	4	7	1	4	7	4	5	6	2
-7	7	3	7	7	3	7	-7	-3	7
2	-2	-6	1	-8	-4	-5	-7	-7	5
3	3	8	5	7	2	3	-4	4	-4

11	12	13	14	15	16	17	18	19	20
9	12	2	4	8	5	3	6	2	1
8	1	5	-2	-2	1	8	7	2	3
-5	-7	7	3	7	7	2	4	1	10
-7	-2	3	7	4	2	-7	-5	7	-7
-3	1	7	4	-4	-6	4	-8	-9	2

21	22	23	24	25	26	27	28	29	30
6	4	3	7	1	8	2	5	9	3
-4	3	10	-2	6	4	3	-2	4	3
3	7	-7	7	7	-7	7	9	-7	7
7	-1	5	-8	-2	3	-4	-7	4	-9
4	2	-7	7	4	-4	-4	4	-6	7

Mixed Friends 6 & 7

1	2	3	4	5	6	7	8	9	10
8	3	5	6	1	7	2	4	9	3
4	4	7	1	4	7	4	2	6	2
-7	7	3	7	7	3	7	6	-3	7
2	-2	-6	1	-8	6	-6	-7	-7	5
3	-7	8	6	7	-7	-7	6	4	-4

11	12	13	14	15	16	17	18	19	20
9	7	2	4	8	5	3	6	2	1
8	6	5	-2	-2	1	8	7	2	3
-5	-7	7	3	7	7	2	4	1	2
-7	-2	3	7	4	-6	-7	-5	7	7
6	1	7	4	-7	3	6	-7	-6	2

21	22	23	24	25	26	27	28	29	30
6	4	3	7	1	8	2	5	9	3
-4	3	10	-2	6	4	3	-2	4	3
3	7	-7	7	7	-7	7	9	-7	7
7	-6	6	-6	-2	6	-6	-7	6	-6
4	2	-7	7	-7	-4	4	6	-7	7

Mixed Friends 6 & 7

1	2	3	4	5	6	7	8	9	10
5	7	6	4	3	7	1	8	2	9
2	-2	7	9	5	7	4	6	4	2
7	7	5	-7	6	-6	7	-9	7	-6
-6	1	6	6	-7	8	-6	7	-6	7
3	-6	8	-8	8	4	5	4	4	-4

11	12	13	14	15	16	17	18	19	20
8	3	7	9	6	2	4	5	1	3
8	4	5	3	7	3	7	6	7	3
7	6	-6	-7	8	7	-6	4	6	7
-6	-7	3	6	-9	-6	7	-7	8	-6
9	4	7	4	-5	5	6	3	-4	2

21	22	23	24	25	26	27	28	29	30
6	4	3	7	1	8	2	5	9	3
-4	3	10	-2	6	4	3	-2	4	3
3	7	-7	7	7	-7	7	9	-7	7
7	-6	6	-6	-2	6	-6	-7	6	-6
4	2	-7	7	-7	-4	4	6	-7	7

Formula + 8 = - 5 + 3 + 10 Exercises

1	2	3	4	5	6	7	8
5	6	15	16	25	26	35	36
8	8	8	8	8	8	8	8

1	2	3	4	5	6	7	8	9	10
5	7	8	9	17	15	18	9	7	8
1	-2	-3	-3	-2	1	-3	-4	-1	-2
8	8	8	8	8	8	8	8	8	8

Formula - 8 = - 10 + 5 - 3 Exercises

1	2	3	4	5	6	7	8
13	14	23	24	33	34	43	44
-8	-8	-8	-8	-8	-8	-8	-8

1	2	3	4	5	6	7	8	9	10
10	11	12	13	12	11	14	10	20	20
3	3	2	1	1	2	-1	4	3	4
-8	-8	-8	-8	-8	-8	-8	-8	-8	-8

Mixed Friends + 8, - 8

1	2	3	4	5	6	7	8	9	10
5	1	3	8	4	2	7	13	6	9
8	5	10	-2	10	5	-2	-8	8	-3
1	8	-8	8	-8	-1	8	1	-1	8
-4	-2	1	5	1	8	-1	-5	-3	-2

11	12	13	14	15	16	17	18	19	20
7	4	5	6	14	2	9	1	3	8
-1	-3	1	-1	-8	2	-4	2	-2	-3
8	5	8	8	1	10	8	10	13	8
-4	8	-2	-2	-2	-8	1	-8	-8	5

21	22	23	24	25	26	27	28	29	30
5	2	14	1	3	7	8	6	10	15
2	5	-1	12	1	-6	10	10	3	8
-1	-2	-8	-8	10	5	-5	8	-8	-10
8	8	1	2	-8	8	-8	-4	2	-3

Mixed Friends + 8, - 8

1	2	3	4	5	6	7	8	9	10
6	4	2	1	9	3	6	9	5	15
8	2	3	1	-3	3	4	3	8	-1
1	8	8	11	8	8	-5	2	4	-8
8	-1	-4	-8	1	-5	8	-8	4	4
-4	2	7	2	-4	4	-5	-4	-3	-8

11	12	13	14	15	16	17	18	19	20
3	9	5	6	1	4	2	5	7	5
2	4	-1	4	5	1	7	1	-4	4
4	-8	9	3	8	8	4	8	10	4
4	-1	-8	-8	1	-4	-8	6	-8	-8
-8	3	-1	5	-7	6	-1	-7	2	5

21	22	23	24	25	26	27	28	29	30
1	8	17	2	5	3	9	4	6	3
3	-3	-4	6	8	2	3	9	3	1
9	8	-8	5	6	8	2	-8	9	9
-8	2	5	-8	7	2	-8	-1	-5	-8
-1	8	-8	4	-4	8	-6	6	-8	3

Mixed Friends 6, 7, 8

1	2	3	4	5	6	7	8	9	10
6	4	2	1	9	3	6	8	5	7
8	2	3	1	-3	3	6	8	8	7
-1	8	8	3	8	8	-7	-3	10	-8
-8	-1	-6	8	-1	-6	8	-8	-8	7
7	-8	7	-6	-8	4	-5	2	3	-8

11	12	13	14	15	16	17	18	19	20
3	9	5	6	1	4	2	5	8	3
2	4	-1	7	5	1	7	1	-2	4
6	-8	9	-8	8	8	4	8	7	6
2	7	-8	-3	-6	-7	-8	-7	-8	-8
-8	-8	7	9	7	6	6	6	2	7

21	22	23	24	25	26	27	28	29	30
1	8	7	2	5	3	9	4	6	3
3	-3	6	6	8	2	3	9	3	1
9	8	-8	6	-6	8	3	-8	9	9
-8	2	6	-8	7	-7	8	7	-5	-8
7	8	-8	4	-8	8	-6	-6	-8	7

Formula + 9 = - 5 + 4 + 10 Exercises

1	2	3	4	5	6	7	8
5	15	25	35	45	55	65	75
9	9	9	9	9	9	9	9

1	2	3	4	5	6	7	8	9	10
10	5	20	5	30	5	40	5	50	5
5	10	5	20	5	30	5	40	5	50
9	9	9	9	9	9	9	9	9	9

Formula - 9 = - 10 + 5 - 4 Exercises

1	2	3	4	5	6	7	8
14	24	34	44	54	64	74	84
-9	-9	-9	-9	-9	-9	-9	-9

1	2	3	4	5	6	7	8	9	10
10	11	12	13	20	21	22	23	30	31
4	3	2	1	4	3	2	1	4	3
-9	-9	-9	-9	-9	-9	-9	-9	-9	-9

Mixed Friends + 9, - 9

1	2	3	4	5	6	7	8	9	10
5	14	1	10	2	8	4	3	6	7
9	-9	3	5	1	-3	15	11	-1	12
-2	2	10	9	11	9	-5	-9	9	-5
1	-1	-9	-4	-9	-2	-9	2	-3	-9

11	12	13	14	15	16	17	18	19	20
9	4	8	6	5	3	7	12	1	8
10	10	11	1	10	1	2	2	13	-3
-5	-9	-14	-2	9	10	-4	-9	-9	10
-9	3	9	9	-12	-9	9	3	4	9

21	22	23	24	25	26	27	28	29	30
7	9	2	11	12	10	15	8	1	2
-2	-4	12	3	1	2	9	1	6	2
9	9	-9	-9	1	2	-4	-4	-2	10
-1	-3	2	1	-9	-9	3	9	9	-9

Mixed Friends + 9, - 9

1	2	3	4	5	6	7	8	9	10
2	6	1	5	8	3	9	4	7	6
3	4	13	9	2	3	3	4	3	3
9	4	-9	3	4	-1	3	-3	4	-4
1	-9	5	-4	-9	9	-1	9	-9	9
-6	-1	-7	-9	3	1	-9	2	-2	6

11	12	13	14	15	16	17	18	19	20
8	5	4	2	7	3	6	1	9	15
9	2	1	8	8	8	5	3	-4	-1
-3	8	9	4	9	3	-7	10	9	-9
-9	9	1	-9	-4	-9	1	-9	1	3
4	-5	-2	-1	-8	-1	9	3	-7	2

21	22	23	24	25	26	27	28	29	30
3	7	6	5	9	2	1	4	8	3
7	-3	-1	-1	-7	4	8	3	7	8
-5	10	9	4	3	4	6	11	9	3
9	-9	3	-3	9	4	9	-4	-12	-9
3	2	3	9	2	-9	4	-9	3	-2

Mixed Friends 6, 7, 8, 9

1	2	3	4	5	6	7	8	9	10
2	6	1	5	8	3	9	4	7	6
3	8	13	9	6	3	3	4	7	3
9	-9	-9	-6	-9	8	3	6	-9	-4
-7	7	6	3	8	-9	9	-9	-2	9
6	-9	-7	-6	-6	8	-8	2	8	-6

11	12	13	14	15	16	17	18	19	20
8	5	4	2	7	3	6	1	9	5
-1	2	1	8	8	8	5	3	-4	8
7	8	9	4	9	3	-7	10	9	2
-9	9	-8	-9	-6	-9	1	-9	8	9
4	-7	7	6	8	7	9	3	-7	1

21	22	23	24	25	26	27	28	29	30
3	7	6	5	9	2	1	4	8	3
7	-3	8	-1	-7	4	8	3	6	8
-5	10	-9	4	3	8	6	7	1	3
9	-9	-3	-3	9	-9	9	-9	9	-9
3	2	8	9	2	8	-7	6	3	8

Mixed Friends 6, 7, 8, 9

1	2	3	4	5	6	7	8	9	10
1	2	6	7	4	9	5	3	4	3
3	2	1	7	2	8	1	8	3	10
2	1	7	3	6	-5	7	2	7	-7
7	7	1	6	-7	-7	-6	-7	-6	6
2	-6	6	2	6	6	3	6	2	-7

11	12	13	14	15	16	17	18	19	20
7	8	2	5	9	3	5	1	3	6
-2	4	3	-2	4	3	8	1	3	6
7	-7	7	9	-7	7	1	3	8	-7
-6	6	-6	-7	6	-6	-7	8	-6	8
7	-4	4	6	4	7	6	-6	4	-5

21	22	23	24	25	26	27	28	29	30
7	3	9	5	6	1	4	2	5	3
7	2	4	-1	7	5	1	7	1	4
-8	6	-8	9	-8	8	8	4	8	6
7	2	7	-8	-3	-6	-7	-8	-7	-8
-8	-8	-8	7	9	7	6	6	6	7

Mixed Friends 6, 7, 8, 9

1	2	3	4	5	6	7	8	9	10
5	1	7	2	3	9	4	3	2	6
4	3	6	6	2	3	9	1	3	8
4	9	-8	6	8	3	-8	9	9	-9
-8	-8	6	-8	-7	8	7	-8	-7	7
7	7	-8	4	8	-6	-6	7	6	-9

11	12	13	14	15	16	17	18	19	20
1	5	8	3	9	9	4	7	6	8
13	9	6	3	3	3	4	7	3	-1
-9	-6	-9	8	3	3	6	-9	-4	7
6	3	8	-9	9	7	-9	-2	9	-9
-7	-6	-6	8	-8	-6	2	8	-6	4

21	22	23	24	25	26	27	28	29	30
5	4	2	7	3	9	5	6	2	1
2	1	8	8	8	-4	8	8	4	8
8	9	4	9	3	9	2	-9	8	6
9	-8	-9	-6	-9	8	9	-3	-9	9
-7	7	6	8	7	-7	1	8	8	-7

Big Friends & Little Friends & Mixed Friends

1	2	3	4	5	6	7	8	9	10
2	5	9	1	4	7	3	8	6	5
8	7	5	9	3	4	2	6	7	8
-5	-6	-7	3	6	-6	9	-9	4	2
7	-2	-3	-8	3	8	-8	-1	7	9
-9	7	2	-4	7	-6	4	6	-9	-6

11	12	13	3	15	16	17	18	19	20
8	4	6	3	7	5	2	1	9	3
3	4	8	4	6	9	4	4	4	3
-9	8	-9	7	-8	3	8	7	-7	7
3	-7	6	1	9	6	-9	-6	8	-8
8	8	4	-2	1	-8	-1	8	4	-1

21	22	23	24	25	26	27	28	29	30
3	1	9	5	2	6	8	4	7	2
8	3	3	6	5	6	4	9	5	9
-6	4	-7	-3	7	-7	-6	-8	-6	-6
8	6	8	-4	-9	9	7	9	8	9
3	-9	2	6	7	1	2	-6	1	3

Big Friends & Little Friends & Mixed Friends

1	2	3	4	5	6	7	8	9	10
4	7	2	5	3	8	1	6	5	9
2	4	6	8	3	6	3	4	6	-1
6	-8	6	-7	6	-9	3	-2	4	5
-7	9	-8	4	7	8	7	6	-1	-7
6	-6	-2	-9	8	-7	-9	1	7	8

11	12	13	14	15	16	17	18	19	20
9	6	1	4	2	5	7	3	8	4
7	6	2	4	5	6	6	2	3	1
-3	-7	7	9	7	-3	-5	7	-4	9
4	8	-6	-3	8	-4	6	8	-3	2
7	2	7	1	-6	6	3	-1	9	-9

21	22	23	24	25	26	27	28	29	30
3	5	8	9	6	4	3	1	7	2
4	7	7	2	7	3	4	5	5	4
9	4	-1	-6	4	7	8	4	-6	4
-6	-6	-9	8	-8	-9	-6	-6	7	-3
-4	-9	7	2	7	8	2	8	-8	7

Big Friends & Little Friends & Mixed Friends

1	2	3	4	5	6	7	8	9	10
5	1	6	3	8	4	2	7	9	3
4	8	9	9	6	9	4	5	2	7
6	3	-8	-8	-9	-6	4	-3	-3	5
-8	3	7	1	6	7	-5	4	6	7
7	-7	-8	6	-7	1	6	-8	2	-6

11	12	13	14	15	16	17	18	19	20
3	7	4	9	2	1	5	8	6	2
4	4	8	-7	6	1	-1	3	7	1
7	-6	4	8	8	3	8	-2	3	8
-9	8	-6	3	-3	5	3	7	4	-7
7	4	7	5	-7	-2	-4	-4	-8	1

21	22	23	24	25	26	27	28	29	30
6	1	5	8	3	7	2	4	9	1
4	6	9	4	2	7	3	6	-3	7
-2	6	-7	3	8	-8	7	-5	4	-4
5	-8	4	-7	-7	9	-6	9	-7	7
-7	6	-7	8	-1	-1	5	1	9	-6

Big Friends & Little Friends & Mixed Friends

1	2	3	4	5	6	7	8	9	10
7	9	3	6	2	8	5	1	4	8
5	7	8	8	3	2	9	6	9	3
2	-8	-6	2	6	-1	3	9	-8	-5
6	3	-4	-7	-9	7	-9	-3	7	4
-9	4	9	6	8	-4	6	-8	3	-6

11	12	13	14	15	16	17	18	19	20
4	8	2	5	7	3	9	6	1	7
4	5	8	3	7	4	4	7	7	8
6	7	-3	7	-8	8	3	-8	-4	-9
8	-6	6	-6	4	-6	4	7	1	1
-7	-9	-7	4	-9	9	-6	3	-3	4

21	22	23	24	25	26	27	28	29	30
6	1	9	4	8	2	5	3	7	5
5	4	5	8	6	4	8	2	6	7
-8	3	-6	-7	3	5	3	9	-8	-6
7	2	4	-4	-4	-9	4	-8	7	4
-2	-8	-3	9	2	8	-9	-1	3	-2

Mixed Friends & Big Friends & Little Friends

1	2	3	4	5	6	7	8	9	10
4	5	8	2	9	3	5	7	8	4
4	6	4	3	8	8	-2	7	-5	7
6	-7	-6	3	6	-6	4	-9	9	-6
-9	8	-3	-7	-7	9	6	8	-7	8
8	-9	8	6	4	-7	-8	-6	6	3

11	12	13	14	15	16	17	18	19	20
6	3	1	8	7	2	6	3	4	8
8	5	6	4	5	9	7	9	6	8
-9	6	7	-7	-6	-6	4	-6	-5	6
7	-8	6	9	-4	8	-3	-2	9	-7
-4	4	-7	3	8	3	-8	9	2	-2

21	22	23	24	25	26	27	28	29	30
3	1	5	7	8	5	8	6	2	4
6	8	-3	-4	-3	4	-4	6	3	9
1	5	4	9	6	3	2	-3	9	-6
-5	-6	6	-6	4	-6	6	4	-8	-3
8	3	-7	8	7	-2	8	3	6	7

Answer Key

Formula + 6 = - 5 +1 + 10 Exercises p.2

1	2	3	4	5	6	7	8		
11	12	13	14	21	22	23	24		
1	2	3	4	5	6	7	8	9	10
12	11	12	14	12	13	14	12	14	13

Formula – 6 = - 10 + 5 -1 Exercises p.2

1	2	3	4	5	6	7	8		
5	6	7	8	15	16	17	18		
1	2	3	4	5	6	7	8	9	10
5	6	8	6	7	7	7	5	5	8

Mixed Friends + 6, - 6 p.3

1	2	3	4	5	6	7	8	9	10
23	8	14	19	6	14	11	5	19	14
11	12	13	14	15	16	17	18	19	20
8	14	29	14	7	18	12	13	24	19
21	22	23	24	25	26	27	28	29	30
18	13	8	14	6	14	9	8	13	13

Mixed Friends + 6, - 6, p.4

1	2	3	4	5	6	7	8	9	10
24	11	6	13	24	6	23	13	8	9
11	12	13	14	15	16	17	18	19	20
22	14	23	11	22	12	14	7	6	6
21	22	23	24	25	26	27	28	29	30
5	15	21	5	6	7	12	11	5	14

Mixed Friends + 6, - 6, p.5

1	2	3	4	5	6	7	8	9	10
12	10	24	10	8	11	9	10	15	16
11	12	13	14	15	16	17	18	19	20
22	10	16	8	21	6	3	24	2	22
21	22	23	24	25	26	27	28	29	30
14	31	14	6	20	21	6	21	7	15

Formula + 7 = - 5 + 2 + 10 Exercises p.6

1	2	3	4	5	6	7	8		
12	13	14	22	23	24	32	33		
1	2	3	4	5	6	7	8	9	10
13	12	12	12	13	14	13	13	13	14

Formula – 7 = - 10 + 5 -2 Exercises p.6

1	2	3	4	5	6	7	8		
5	6	7	15	16	17	25	26		
1	2	3	4	5	6	7	8	9	10
5	5	7	5	6	6	6	5	6	7

Mixed Friends + 7, - 7 p.7

1	2	3	4	5	6	7	8	9	10
24	13	7	5	13	12	11	14	12	14
11	12	13	14	15	16	17	18	19	20
14	8	6	6	13	14	10	14	13	3
21	22	23	24	25	26	27	28	29	30
12	8	13	13	6	13	5	8	8	6

Mixed Friends + 7, - 7 p.8

1	2	3	4	5	6	7	8	9	10
5	7	4	5	5	5	6	9	5	14
11	12	13	14	15	16	17	18	19	20
8	10	5	6	6	5	14	9	16	8
21	22	23	24	25	26	27	28	29	30
14	14	6	6	14	14	6	5	24	12

Mixed Friends +7, - 7 p.9

1	2	3	4	5	6	7	8	9	10
10	15	17	20	11	15	11	1	9	13
11	12	13	14	15	16	17	18	19	20
2	5	24	16	13	9	10	4	3	9
21	22	23	24	25	26	27	28	29	30
16	15	4	11	16	4	4	9	4	11

Mixed Friends 6 & 7 p.10

1	2	3	4	5	6	7	8	9	10
10	5	17	21	11	16	0	11	9	13
11	12	13	14	15	16	17	18	19	20
11	5	24	16	10	10	12	5	6	15
21	22	23	24	25	26	27	28	29	30
16	10	5	13	5	7	10	11	5	14

Mixed Friends 6 & 7 p.11

1	2	3	4	5	6	7	8	9	10
11	7	32	4	15	20	11	16	11	8
11	12	13	14	15	16	17	18	19	20
26	10	16	15	7	11	18	11	18	9
21	22	23	24	25	26	27	28	29	30
16	10	5	13	5	7	10	11	5	14

Formula + 8 = − 5 + 3 + 10 Exercises p.12

1	2	3	4	5	6	7	8		
13	14	23	24	33	34	43	44		
1	2	3	4	5	6	7	8	9	10
14	13	13	14	23	24	23	13	14	14

Formula − 8 = − 10 + 5 − 3 Exercises p.12

1	2	3	4	5	6	7	8		
5	6	15	16	25	26	35	36		
1	2	3	4	5	6	7	8	9	10
5	6	6	6	5	5	5	6	15	16

Mixed Friends + 8, − 8 p.13

1	2	3	4	5	6	7	8	9	10
10	12	6	19	7	14	12	1	10	12
11	12	13	14	15	16	17	18	19	20
10	14	12	11	5	6	14	5	6	18
21	22	23	24	25	26	27	28	29	30
14	13	6	7	6	14	5	20	7	10

Mixed Friends + 8, − 8 p.14

1	2	3	4	5	6	7	8	9	10
19	15	16	7	11	13	8	2	18	2
11	12	13	14	15	16	17	18	19	20
5	7	4	10	8	15	4	13	7	10
21	22	23	24	25	26	27	28	29	30
4	23	2	9	22	23	0	10	5	8

Mixed Friends 6, 7, 8 p.15

1	2	3	4	5	6	7	8	9	10
12	5	14	7	5	12	8	7	18	5
11	12	13	14	15	16	17	18	19	20
5	4	12	11	15	12	11	13	7	12
21	22	23	24	25	26	27	28	29	30
12	23	3	10	6	14	17	6	5	12

Formula + 9 = − 5 + 4 + 10 Exercises p.16

1	2	3	4	5	6	7	8		
14	24	34	44	54	64	74	84		
1	2	3	4	5	6	7	8	9	10
24	24	34	34	44	44	54	54	64	64

Formula – 9 = - 10 + 5 – 4 Exercises p.16

1	2	3	4	5	6	7	8		
5	15	25	35	45	55	65	75		
1	2	3	4	5	6	7	8	9	10
5	5	5	5	15	15	15	15	25	25

Mixed Friends + 9, - 9 p.17

1	2	3	4	5	6	7	8	9	10
13	6	5	20	5	12	5	7	11	5
11	12	13	14	15	16	17	18	19	20
5	8	14	14	12	5	14	8	9	24
21	22	23	24	25	26	27	28	29	30
13	11	7	6	5	5	23	14	14	5

Mixed Friends + 9, - 9 p. 18

1	2	3	4	5	6	7	8	9	10
9	4	3	4	8	15	5	16	3	20
11	12	13	14	15	16	17	18	19	20
9	19	13	4	12	4	14	8	8	10
21	22	23	24	25	26	27	28	29	30
17	7	20	14	16	5	28	5	15	3

Mixed Friends 6, 7, 8, 9 p.19

1	2	3	4	5	6	7	8	9	10
13	3	4	5	7	13	16	7	11	8
11	12	13	14	15	16	17	18	19	20
9	17	13	11	26	12	14	8	15	25
21	22	23	24	25	26	27	28	29	30
17	7	10	14	16	13	17	11	27	13

Mixed Friends 6, 7, 8, 9 p.20

1	2	3	4	5	6	7	8	9	10
15	6	21	25	11	11	10	12	10	5
11	12	13	14	15	16	17	18	19	20
13	7	10	11	16	14	13	7	12	8
21	22	23	24	25	26	27	28	29	30
5	5	4	12	11	15	12	11	13	12

Mixed Friends 6, 7, 8, 9 p.21

1	2	3	4	5	6	7	8	9	10
12	12	3	10	14	17	6	12	13	3
11	12	13	14	15	16	17	18	19	20
4	5	7	13	16	16	7	11	8	9
21	22	23	24	25	26	27	28	29	30
17	13	11	26	12	15	25	10	13	17

Mixed Friends & Big Friends & Little Friends p.22

1	2	3	4	5	6	7	8	9	10
3	11	6	1	23	7	10	10	15	18
11	12	13	3	15	16	17	18	19	20
13	17	15	13	15	15	4	14	18	4
21	22	23	24	25	26	27	28	29	30
16	5	15	10	12	15	15	8	15	17

Mixed Friends & Big Friends & Little Friends p.23

1	2	3	4	5	6	7	8	9	10
11	6	4	1	27	6	5	15	21	14
11	12	13	14	15	16	17	18	19	20
24	15	11	15	16	10	17	19	13	7
21	22	23	24	25	26	27	28	29	30
6	1	12	15	16	13	11	12	5	14

Mixed Friends & Big Friends & Little Friends p.24

1	2	3	4	5	6	7	8	9	10
14	8	6	11	4	15	11	5	16	16
11	12	13	14	15	16	17	18	19	20
12	17	17	18	6	8	11	12	12	5
21	22	23	24	25	26	27	28	29	30
6	11	4	16	5	14	11	15	12	5

Mixed Friends & Big Friends & Little Friends p.25

1	2	3	4	5	6	7	8	9	10
11	15	10	15	10	12	14	5	15	4
11	12	13	14	15	16	17	18	19	20
15	5	6	13	1	18	14	15	2	11
21	22	23	24	25	26	27	28	29	30
8	2	9	10	15	10	11	5	15	8

Mixed Friends & Big Friends & Little Friends p.26

1	2	3	4	5	6	7	8	9	10
13	3	11	7	20	7	5	7	11	16
11	12	13	14	15	16	17	18	19	20
8	10	13	17	10	16	6	13	16	13
21	22	23	24	25	26	27	28	29	30
13	11	5	14	22	4	20	16	12	11

Big Friends

+ 1 = - 9 + 10	- 1 = - 10 + 9
+ 2 = - 8 + 10	- 2 = - 10 + 8
+ 3 = - 7 + 10	- 3 = - 10 + 7
+ 4 = - 6 + 10	- 4 = - 10 + 6
+ 5 = - 5 + 10	- 5 = - 10 + 5
+ 6 = - 4 + 10	- 6 = - 10 + 4
+ 7 = - 3 + 10	- 7 = - 10 + 3
+ 8 = - 2 + 10	- 8 = - 10 + 2
+ 9 = - 1 + 10	- 9 = - 10 + 1

Little Friends

+ 1 = + 5 – 4	- 1 = - 5 + 4
+ 2 = + 5 – 3	- 2 = - 5 + 3
+ 3 = + 5 – 2	- 3 = - 5 + 2
+ 4 = + 5 – 1	- 4 = - 5 + 1

Mixed Friends

+ 6 = - 5 + 1 + 10	- 6 = - 10 + 5 - 1
+ 7 = - 5 + 2 + 10	- 7 = - 10 + 5 - 2
+ 8 = - 5 + 3 + 10	- 8 = - 10 + 5 - 3
+ 9 = - 5 + 4 + 10	- 9 = - 10 + 5 - 4

www.ingramcontent.com/pod-product-compliance
Lightning Source LLC
Chambersburg PA
CBHW081025040426
42444CB00014B/3357